# BEI GRIN MACHT SICH IHR WISSEN BEZAHLT

- Wir veröffentlichen Ihre Hausarbeit,
  Bachelor- und Masterarbeit

- Ihr eigenes eBook und Buch -
  weltweit in allen wichtigen Shops

- Verdienen Sie an jedem Verkauf

Jetzt bei www.GRIN.com hochladen
und kostenlos publizieren

GRIN ☺

**Markus Leuschner**

# Mersenne- und Fermat-Primzahlen oder auf der Suche nach großen Primzahlen

GRIN Verlag

**Bibliografische Information der Deutschen Nationalbibliothek:**

Die Deutsche Bibliothek verzeichnet diese Publikation in der Deutschen National-
bibliografie; detaillierte bibliografische Daten sind im Internet über http://dnb.d-
nb.de/ abrufbar.

Dieses Werk sowie alle darin enthaltenen einzelnen Beiträge und Abbildungen
sind urheberrechtlich geschützt. Jede Verwertung, die nicht ausdrücklich vom
Urheberrechtsschutz zugelassen ist, bedarf der vorherigen Zustimmung des Verla-
ges. Das gilt insbesondere für Vervielfältigungen, Bearbeitungen, Übersetzungen,
Mikroverfilmungen, Auswertungen durch Datenbanken und für die Einspeicherung
und Verarbeitung in elektronische Systeme. Alle Rechte, auch die des auszugsweisen
Nachdrucks, der fotomechanischen Wiedergabe (einschließlich Mikrokopie) sowie
der Auswertung durch Datenbanken oder ähnliche Einrichtungen, vorbehalten.

**Impressum:**

Copyright © 2010 GRIN Verlag GmbH
Druck und Bindung: Books on Demand GmbH, Norderstedt Germany
ISBN: 978-3-656-17755-5

**GRIN - Your knowledge has value**

Der GRIN Verlag publiziert seit 1998 wissenschaftliche Arbeiten von Studenten, Hochschullehrern und anderen Akademikern als eBook und gedrucktes Buch. Die Verlagswebsite www.grin.com ist die ideale Plattform zur Veröffentlichung von Hausarbeiten, Abschlussarbeiten, wissenschaftlichen Aufsätzen, Dissertationen und Fachbüchern.

**Besuchen Sie uns im Internet:**

http://www.grin.com/

http://www.facebook.com/grincom

http://www.twitter.com/grin_com

Stiftung Universität Hildesheim

Institut für Mathematik und Angewandte Informatik

Algebra und Zahlentheorie

Polyvalenter 2-Fächer-Bachelor-Studiengang für Absolventinnen und Absolventen des Studiengangs GSKS/MNW mit der Option (Realschul-)Lehramt

# Bachelor-Arbeit

## Mersenne- und Fermat-Primzahlen
### oder
## Auf der Suche nach großen Primzahlen

Datum: 15. September 2010

# Inhaltsverzeichnis

# 1 Einleitung

Wie findet man Primzahlen? Schon in der späteren Schulzeit hat mich diese Frage interessiert, da es anscheinend kein effizientes Verfahren hierzu gibt. Es scheint stattdessen sogar, als sei die Verteilung von Primzahlen zufällig auf dem Zahlenstrahl der natürlichen Zahlen verstreut, wobei diese bei zunehmender Größe rarer werden.

Einige Verfahren existieren jedoch, mit deren Hilfe sich Primzahlen aufspüren lassen. Zwar gibt es bis zur bis heute größten gefundenen Primzahl vermutlich noch weitere, kleinere, die sich noch nicht offenbart haben und zu denen es bislang keinen effizienten mathematischen Zugang zum Aufspüren gibt, doch können einige auf schnellem Wege dennoch gefunden werden.

In dieser Arbeit sollen vorrangig diese effizienten Methoden beschrieben werden, mit denen sich gezielt große Primzahlen von besonderer Bauart finden lassen.

Tieferen Einblick hierzu bekam ich durch das *fachwissenschaftliche Seminar zur Kryptographie*, in dem ich mich mit zwei solcher Verfahren intensiv beschäftigt habe. Neben FERMAT entwickelte insbesondere MERSENNE seinerzeit einen einfachen Weg, große Primzahlen zu bestimmen. Kurzbiographien zu den beiden Mathematikern sind dem folgenden Kapitel zu entnehmen.

Anschließend werde ich mich auf diese beiden Verfahren beschränken und daher auf die sogenannten *Mersenne-* und *Fermat-Zahlen* eingehen, welche unter bestimmten Voraussetzungen Primzahlen – wenn auch nicht sämtliche – liefern.

Entsprechende Sätze und Beweise finden sich in den Kapiteln 4.3 und 4.4 wieder, wobei sich ersteres speziell mit MERSENNE-Zahlen, letzteres mit den FERMAT-Zahlen befasst.

Um die Beweisführung verständlicher zu gestalten, habe ich am Ende dieser Arbeit einen ausführlichen Anhang erstellt. Dabei entscheide ich mich bewusst dagegen, die im Anhang befindlichen Zwischenschritte direkt in die Beweise zu integrieren, um einen angenehmeren Lesefluss zu ermöglichen. Der Leser kann nun selbst entscheiden, ob er – falls Bedarf besteht – auf den Anhang zurückgreifen oder sich bei ausreichendem Verständnis lediglich auf die Beweise an sich beschränken möchte.

Des weiteren wird erklärt, weshalb große Primzahlen in der modernen Kryptographie eine solch wichtige Rolle spielen.

Da bis vor relativ kurzer Zeit Primzahlen in der Praxis kaum Anwendung fanden und hauptsächlich erst in der modernen Kryptographie Verwendung finden, gehe ich in Kapitel 3 auf die essentielle Bedeutung von Primzahlen in der Kryptographie ein.

Weshalb ausgerechnet MERSENNE- und FERMAT-Primzahlen für die praktische Anwendung in der Regel allerdings ungeeignet sind, wird darin anhand eines Beispiels zum

RSA-Verfahren (s. Kap. 3.3) ebenfalls erläutert. Ausnahmen, bei denen MERSENNE-Primzahlen doch eine Verwendung finden, bieten beispielsweise elliptische Kurven. Deren zugrundeliegende Mathematik ist aber derart komplex, dass sie selbst in einem Klassiker zur Kryptographie von Bruce Schneier nicht näher erläutert wird [1] und daher den Rahmen dieser Arbeit bei weitem überschreiten würde.

In Kapitel 3 gebe ich zudem sowohl einen geschichtlichen Hintergrund zur Entstehung der Kryptographie als auch eine Darlegung des Ablaufes eines Kryptosystem.

Die Arbeit beende ich in Kapitel 5 mit einem Fazit. Dort erläutere ich noch einmal kurz, wie ich bei den Beweisen der FERMAT- und MERSENNE-Primzahlen vorgegangen bin. Außerdem gebe ich einen kleinen Ausblick auf die Zukunft der Kryptographie und erläutere sowohl Vor- als auch Nachteile von geheimer Kommunikation.

---

[1] Vgl. Schneier (2006), S. 548

4

# 2 Biographien

## 2.1 Pierre de Fermat

Pierre de FERMAT wurde 1607 oder 1608[2] als Sohn von Dominique de Fermat, dem zweiten Bürgermeister von Geaumont de Lomagne an der Gimon in Bordeaux geboren. Seine Mutter Claire de Long war Tochter einer Juristenfamilie.[3]

Schon während der Schulzeit erwarb FERMAT umfassende Sprachkenntnisse in Griechisch, Spanisch und Italienisch, sodass es ihm möglich war, handgeschriebene Originale zu lesen und Fehler gar zu verbessern.[4]

FERMAT studierte zunächst in Toulouse und Bordeaux.[5] Letztere war jene Stadt, in welcher er seine „ersten großen mathematischen Entdeckungen"[6] machte.[7] Anschließend absolvierte er ein Jurastudium in Orléans und wurde Anwalt am Obersten Gerichtshof in Toulouse.[8]

Abbildung 1: Pierre de Fermat
(*http://upload.wikimedia.org*)

Im Laufe seines Lebens wurde er in Bezug auf sein mathematisches Streben vorwiegend beeinflusst durch die mathematischen Schriften der Griechen Pappos (um 320 n. Chr.)[9] und Archimedes (287 – 212 v. Chr.)[10] und Korrespondenzen mit dem aus Frankreich stammenden Viète (1540 – 1603)[11]. Des weiteren verbesserte und bereicherte er die *Arithmetica* des ebenfalls aus Griechenland stammenden Diophant (um 250 n. Chr.)[12] und gilt als Begründer der Zahlentheorie[13]. Er verfasste außerdem wichtige Werke in der Differentialrechnung[14], der analytischen Geometrie[15] und weiteren mathematischen Gebieten.

Eine seiner bekanntesten und spektakulärsten Aussagen ist der *Große Satz von Fermat*. Hierzu schreibt FERMAT auf Latein auf den Rand seiner *Arithmetica*: „Ich habe einen wahrhaft wunderbaren Beweis gefunden, aber dieser Rand ist zu schmal, ihn zu

---

[2]Vgl. Strick (2009), S. 36
[3]Vgl. Hofmann, Band I (1990), S. 402
[4]Vgl. ebd.
[5]Vgl. Strick (2009), S. 36
[6]Hofmann, Band I (1990), S. 402
[7]Vgl. ebd.
[8]Vgl. Strick (2009), S. 36
[9]Vgl. Hofmann (1963), S. 277
[10]Vgl. Kordos (1999), S. 281
[11]Vgl. Hofmann (1963), S. 146
[12]Vgl. ebd., S. 207
[13]Vgl. Kaiser; Nöbauer (1998), S. 62
[14]Vgl. Strick (2009), S. 36
[15]Vgl. Kordos (1999), S. 144

fassen."[16],[17] Der *Große Satz von Fermat* besagt, dass es keine ganzzahligen Lösungen für $a^x + b^x = c^x$ mit $x \in \mathbb{N}$, $x > 2$ gibt.[18] Erst 1995, nachdem Jahrhunderte kein Mathematiker dazu in der Lage war, konnte Andrew Wiles den 130 Seiten umfassenden Beweis führen.[19] Man vermutet daher, FERMAT hatte irrtümlicherweise angenommen, einen Beweis gefunden zu haben, wahrscheinlich mithilfe der von ihm entwickelten *descente infinie*, bei der ähnlich der vollständigen Induktion vorgegangen wird.[20]

Auch der *Kleine Satz von Fermat* gilt in der Zahlentheorie als wesentlich: $a^{p-1} \equiv 1 \bmod p$, $p \in \mathbb{P}$[21] und findet heutzutage in der Kryptographie regelmäßige Anwendung, wenn auch in etwas abgewandelter Form.[22]

Zudem gilt er als Vater der Wahrscheinlichkeitsrechnung, deren Geburtsstunde auf einen Briefwechsel mit dem Mathematiker Chevalier de Méré über die gerechte Aufteilung des Gewinnes bei einem abgebrochen Glücksspiel zurückzuführen ist.[23]

Erst nach seinem Tod 1665 im Alter von 57 Jahren wurde erkannt, welch bedeutender Mathematiker Pierre de FERMAT gewesen war. Dies belegen seine zahlreichen, meist unvollständigen Schriften und umfangreichen Korrespondenzen mit Mathematikern aus ganz Europa.[24]

---

[16]Strick (2009), S. 37
[17]Originalausgabe s. Kap. *7 Anhang, 1.*
[18]Vgl. Kaiser; Nöbauer (1998), S. 43
[19]Vgl. Singh (1998), S . 311
[20]Vgl. Strick (2009), S. 37
[21]S. Kap. *4.2 Voraussetzungen zu den Beweisen, 1.*
[22]S. Kap. *4.1 Die Bedeutung von Primzahlen in der Kryptographie*
[23]Vgl. Strick (2009), S. 37
[24]Vgl. ebd.

## 2.2 Marin Mersenne

Marin MERSENNE lebte von 1588 bis 1648.[25] Geboren wurde er in Main nahe Dijon und starb in Paris, wo er als Franziskanerpater tätig war.[26] Bis heute sind seine ausgedehnten Korrespondenzen fast vollständig erhalten und von großer historischer Bedeutung.[27]

Von Beruf war er sowohl Theologe als auch Philosoph, ebenso wie Mathematiker und Musikwissenschaftler.[28] Sein größtes Ziel war es jedoch, die Existenz Gottes nachzuweisen.[29]

MERSENNE kommunizierte schriftlich mit mathematischen Größen wie Descartes und Galilei, welche er auch gegen theologische Angriffe seitens der Kirche verteidigte. Er

Abbildung 2: Marin Mersenne
(http://upload.wikimedia.org)

spielte daher eine führende Rolle in der Weitergabe mathematischen Wissens in Europa, beispielsweise durch seine teilweisen Übersetzungen von Galileis *Dialogo* und *Discorsi* ins Französische.[30] Die Korrespondenz mit FERMAT wurde von dessen Sohn recht bald veröffentlicht wurde.[31]

MERSENNE verbrachte mehrere Jahre mit Reisen durch Mitteleuropa und setzte sich 1640 in Italien zur Ruhe, um sich kurz vor seinem Tod ein letztes Mal nach Paris zu begeben.[32]

---

[25]Vgl. Hofmann (1963), S. 223
[26]Vgl. Kordos (1999), S. 137
[27]Vgl. ebd.
[28]Vgl. http://d-nb.info
[29]Vgl. http://www.bautz.de
[30]Vgl. http://www.mathematik.ch
[31]Vgl. Kordos (1999), S. 144
[32]Vgl. http://www.bautz.de

# 3 Kryptographie

## 3.1 Geschichtlicher Hintergrund

Ursprünge der Kryptographie finden sich schon im fünften Jahrhundert vor Christus im Krieg zwischen Griechenland und Persien, in dem die Griechen unter Herodot der Eroberung durch Xerxes aufgrund einfacher, seinezeit aber effektiver Methoden zur Verschlüsselung von Nachrichten entgehen konnten.[33] Berühmter ist hingegen sicherlich die nach Julius Caesar benannte Caesar-Chiffre, bei der jeder Buchstabe des Alphabets um drei Buchstaben verschoben wird:

| Klartext | a b c ... x y z |
|---|---|
| Geheimtext | D E F ... A B C |

Auch hier nutzte Caesar seine Chiffriermethode vorrangig zur militärischen Sicherheit. Die Caesar-Chiffre ist ein Spezialfall der sogenannten Substitutionschiffre. Hier werden nach einem Schema Buchstaben um jeweils eine bestimmte Position verschoben.

Wurde bis dato per Hand verschlüsselt, erfand im 15. Jahrhundert der italienische Architekt Leon Alberti die Chiffrierscheibe[34], mit deren Hilfe sich die Anwendung der Substitutionschiffre stark vereinfachen ließ. Mit der Weiterentwicklung von Chiffriermaschinen kam es schließlich zu einer der bekanntesten kryptographischen Erfindungen: der Enigma. Sie diente ebenfalls vorrangig als militärisches Hilfsmittel im zweiten Weltkrieg.

Abbildung 3: Chiffrierscheibe
(*http://upload.wikimedia.org*)

Während bislang ein steter Kampf zwischen Kryptographen und Kryptoanalytikern tobte, errangen erstere mit der Entwicklung des sogenannten Public-Key-Verfahren einen bis heute bestehenden Vorteil.[35] Den ersten Durchbruch in dieser Hinsicht schafften Whitfield Diffie und Martin Hellman mit dem nach ihnen benannten Diffie-Hellman-Schlüsseltausch (1976).[36] Zwei Partner entscheiden sich hierbei gemeinsam für einen öffentlichen Schlüssel, der jedem Außenstehenden bekannt sein darf, und jeweils einem privaten, den nicht einmal der Partner kennt. Somit ist eine sichere und geheime Kommunikation zwischen diesen Partnern möglich. Einen Nachteil hat dieses Verfahren allerdings: es ist recht langwierig.

---

[33]Vgl. Singh (2000), S. 18
[34]Vgl. ebd., S. 156
[35]Vgl. ebd., S. 353
[36]Vgl. ebd., S. 323

Heutzutage ist es insbesondere das RSA-Verfahren, benannt nach seinen Entwicklern Rivest, Shamir und Adleman, das seit 1978[37] zur sicheren und raschen Übermittlung geheimer Botschaften beiträgt (s. Kap. 3.3).

Neben militärischen Zwecken kommt Kryptographie mittlerweile ebenso in der Wirtschaft sowie in der modernen Archäologie zur Anwendung. Dort dient die Kryptoanalyse den Forschern vor allem zum Entziffern alter Schrift. Eine der größten Leistungen bildete hierbei die Entschlüsselung von Linear B, einer in Kreta während der Bronzezeit entstandenen Schrift. 53 Jahre dauerte es von der Entdeckung bis zur offiziellen vollständigen Entzifferung im Jahr 1953.[38]

## 3.2 Theorie der Kryptographie

Die heutige Kryptographie beschäftigt sich mit sogenannten Kryptosystemen. Diese bestehen aus dem mit $m$ oder $p$ bezeichnetem Klartext (engl. message/plaintext) und dem Geheimtext $c$ (engl. Chiffretext). Die Verschlüsselungsfunktion $E$ (engl. encryption) verschlüsselt den Klartext in den zu versendenden Geheimtext: $E(m) = c$. Umgekehrt entschlüsselt $D$ (engl. decryption) den erhaltenen Chiffretext wieder zum Klartext: $D(c) = m$. Da der Geheimtext eindeutig in den ursprünglichen Klartext umgewandelt werden soll, muss gelten $D(E(m)) = m$. Ver- und entschlüsselt wird mithilfe eines Schlüssels $k$ (engl. key) aus dem Schlüsselraum. Dadurch ergibt sich für die Verschlüsselung $E_k(m) = c$ und $D_k(c) = m$ für die Entschlüsselung.[39]

Ziel der Kryptographie ist es, eine geheime Kommunikation zwischen Sender und Empfänger zu ermöglichen, die von Außenstehenden nicht abgehört werden soll. Der Sender wird dabei in der Regel mit $A$ für Alice, der Empfänger mit $B$ für Bob bezeichnet. Der sogenannte Lauscher, also die Person, die versucht, durch Knacken der Verschlüsselung in Besitz des Klartextes zu gelangen, wird Eve benannt (nach dem engl. für eavesdropper).

In der Kryptographie wird zudem zwischen symmetrischen und asymmetrischen Schlüsseln unterschieden. Bei der symmetrischen Kryptographie ist der Verschlüsselungsschlüssel der gleiche wie jener zur Entschlüsselung. Wird asymmetrisch verschlüsselt, ist dieser Schlüssel keine Hilfe bei der Entschlüsselung und kann daher öffentlich bekannt gegeben werden. In vielen asymmetrischen Kryptosystemen ist die Bekanntgabe des Verschlüsselungsschlüssels Voraussetzung für eine erfolgreiche Kommunikation. Man spricht daher auch von Public-Key-Verfahren.

---

[37]Vgl. Bauer (1997), S. 186
[38]Vgl. Singh (2000), S. 266ff.
[39]Vgl. Schneier (2006), S. 1f.

## 3.3 RSA mit Mersenne-Primzahlen[40]

Das RSA-Verfahren ist benannt nach seinen Entwicklern Rivest, Shamir, Adleman[41] und das heute meist benutzte Public-Key-Verfahren. Überhaupt gilt es historisch als das erste Kryptosystem mit öffentlichem Schlüssel.[42]

Der Vorgang ist folgendermaßen:

a) Zunächst wählt Bob, der eine Nachricht empfangen will, zwei unterschiedliche Primzahlen $p$ und $q$ und bildet daraus das Produkt $n = p \cdot q$. Des weiteren wählt er ein $e \in \mathbb{N}$ mit ggT $(e, \varphi(n)) = 1$, wobei $\varphi(n) = (p-1)(q-1)$. Außerdem berechnet er $d \equiv e^{-1} \bmod \varphi(n)$. Den öffentlichen Schlüssel $(n, e)$ sendet er an Alice, den privaten Schlüssel $(\varphi(n), d)$ hält er geheim.

b) Alice schreibt eine Nachricht $m$ und chiffriert sie als $c \equiv m^e \bmod n$, welche an Bob gesandt wird.

c) Bob entschlüsselt $c$, indem er $m \equiv c^d \bmod n$ berechnet.

Die Sicherheit des RSA-Verfahrens ist begründet durch das ineffiziente Faktorisieren von $n$, welches bekanntlich öffentlich ist, in seine beiden Primfaktoren. Wären Eve $p$ und $q$ bekannt, könnte sie schnell $\varphi(n)$ und somit $d$ berechnen und anschließend alle an Bob gesendeten Nachrichten entschlüsseln.

Wie schnell dank des Wissens, dass ein Primteiler von $n$ eine MERSENNE-Primzahl ist, der Schlüssel geknackt werden kann, wird im folgenden Beispiel veranschaulicht. Es wird dabei auf das folgende Kapitel vorgegriffen, in dem erläutert wird, welche Primzahlen von der MERSENNE-Bauart sind.

Angenommen, der öffentliche Schlüssel von Bob lautet $n = 203$ und $e = 11$ und Eve weiß, dass ein Primteiler von $n$ eine MERSENNE-Primzahl ist.

Alice schickt $c \equiv 125 \bmod 203$ (mit $m = 6$ ist $c \equiv m^e \equiv 6^{11} \equiv 125 \bmod 203$, was Eve allerdings nicht bekannt ist) an Bob, welcher mithilfe des privaten Schlüssels durch $m \equiv c^d \bmod n$ wiederum auf $m = 6$ kommt.

Eve kann nun mit dem Wissen, dass $n$ aus mindestens einer MERSENNE-Primzahl besteht, schnell den geheimen Schlüssel berechnen. Da in diesem Beispiel relativ kleine Primzahlen genommen werden, ist dies durch versuchsweise Division[43] möglich, da es relativ wenig MERSENNE-Primzahlen gibt, wobei diese in unserem Beispiel zudem kleiner

[40]Vgl. für den Vorgang des RSA-Verfahrens: Scheid; Frommer (2007), S. 207
[41]Vgl. Bauer (1997), S. 186
[42]Vgl. Scheid; Frommer (2007), S. 207
[43]Vgl. Schneier (2006), S. 300

gleich $\sqrt{217} \leq 15$ sein sollten. In der angewandten Kryptographie bietet sich stattdessen beispielsweise das Quadratische Sieb oder das Zahlkörpersieb[44] zur Division großer Primzahlen an.

In unserem Beispiel erhält man zunächst durch Ausprobieren $M_2 = 3$. Da aber $3 \nmid 203$ und die nächste Primzahl 5 keine MERSENNE-Primzahl ist, käme als nächster Primteiler $M_3 = 7$ in Frage. Eve erhält nun $n = 203 = 7 \cdot 29 = p \cdot q$ und weiß dadurch, dass $\varphi(n) = 6 \cdot 28 = 168$. Mit diesem Wissen kann sie $d \equiv e^{-1} \equiv 11^{-1} \equiv 107 \bmod 168$ berechnen und erhält mit $m \equiv c^d \equiv 125^{107} \equiv 6 \bmod 203$ die Originalnachricht von Alice.

Durch Nutzung einer MERSENNE-Primzahl im RSA-Verfahren wird die Sicherheit dieses Kryptosystems also erheblich verringert, da eine Faktorisierung wesentlich zügiger vonstattengeht als bei der Verwendung von Primzahlen ohne eine bestimmte Bauart. Zudem existieren im Verhältnis zu zufälligen Primzahlen relativ wenige MERSENNE-Primzahlen, sodass die Menge der möglichen Primteiler von $n$ ebenso gering ausfällt.

Große zufällige Primzahlen zu finden ist jedoch nicht einfach. Ein absolut sicheres Verfahren gibt es hierzu bislang nicht. Mithilfe des Miller-Rabin-Test (benannt nach Gary Miller und Michael Rabin),[45] welcher im folgenden Kapitel angesprochen wird, kann jedoch die Wahrscheinlichkeit, eine Primzahl zu erhalten, auf beinahe 100 Prozent gesteigert werden.

---

[44]Vgl. Schneier (2006), S. 299
[45]Vgl. ebd., S. 304

# 4 Primzahlen

Primzahlen sind natürliche Zahlen, welche nur durch sich selbst und durch 1 teilbar sind.

## 4.1 Die Bedeutung von Primzahlen in der Kryptographie

In der modernen Kryptographie werden in vielen Kryptosystemen heutzutage Primzahlen zur Verschlüsselung verwendet. Da Kryptographie seit der Entwicklung von Computern in der Regel mittels solcher durchgeführt wird, steigt die notwendige Größe der Primzahlen mit Zunahme der Arbeitsgeschwindigkeit von Computern stetig an. Heutzutage wird bei symmetrischer Verschlüsselung meist mit 128 Bits im Binärsystem, also einer möglichen Anzahl von $2^{128}$ Schlüsseln, verschlüsselt und erreicht dadurch einen für heutige Verhältnisse nahezu perfekten Schutz,[46] bei asymmetrischer Verschlüsselung werden hingegen in der Regel 1024-Bit-Zahlen verwendet.[47]

Die Sicherheit von Kryptosystemen, bei denen große Primzahlen zur Verschlüsselung genutzt werden, beruht in der Regel auf die Faktorisierung des Primzahlprodukts. Bis heute wurde keine wirklich effektive Methode entwickelt, bei der das Produkt zweier Primzahlen zügig in seine Primteiler zerlegt werden kann. Das schnellste Verfahren für über 110-stellige Zahlen ist das allgemeine Zahlkörpersieb.[48] Dennoch gilt eine Verschlüsselung mittels einer 1024-Bit-Zahl bislang als ausreichend sicher.

Wie im vorangehenden Kapitel bereits angesprochen, ist es jedoch nicht einfach, große zufällige Primzahlen zu finden. Ein sehr gebräuchliches Verfahren hierzu ist der Miller-Rabin-Test[49], welcher auf dem FERMAT-Test basiert.

Dem FERMAT-Test liegt der *Kleine Satz von Fermat* zugrunde, welcher besagt, dass für eine Primzahl $m$ und alle $a \in \mathbb{Z}$ mit $\mathrm{ggT}(a, m) = 1$ gilt: $a^{m-1} \equiv 1 \bmod m$.[50] Umgekehrt bedeutet dies, dass für ein zufällig gewähltes $a$ mit $a^{m-1} \not\equiv 1 \bmod m$ der Modul zusammengesetzt ist. Ergibt sich jedoch $a^{m-1} \equiv 1 \bmod m$, liefert der FERMAT-Test keine Aussage und sollte mit einem anderen $a$ wiederholt werden, um die Wahrscheinlichkeit, dass $m \in \mathbb{P}$ ist, zu erhöhen. Dennoch gibt es die sogenannten Carmichaelzahlen[51], welche für jedes gewählte $a$ angeben, $m$ sei prim.

Der Miller-Rabin-Test[52] verläuft nach einem ähnlichen Algorithmus und umgeht in gewisser Weise die Carmichaelzahlen. Die Wahrscheinlichkeit, dass die gewählte Zufallszahl

---

[46]Vgl. Schneier (2006), S. 180
[47]Vgl. ebd., S. 186
[48]Vgl. ebd., S. 299
[49]Vgl. ebd., S. 304
[50]S. Kap. *4.2 Voraussetzungen zu den Beweisen, 1.*
[51]Vgl. Scheid; Frommer (2007), S. 152
[52]Vgl. ebd., S. 154f.

eine Primzahl ist, wächst zudem ungleich schneller und gibt mit relativ wenigen Wiederholungen eine vernachlässigend geringe Fehlerquote zurück.

## 4.2 Voraussetzungen zu den Beweisen

Folgende Voraussetzungen werden für die Kapitel 4.3 und 4.4 als bewiesen vorausgesetzt.

1. Kleiner Satz von FERMAT[53]:

    Wegen des *Satzes von Euler* $a^{\varphi(m)} \equiv 1 \bmod m$, wobei $\mathrm{ggT}(a, m) = 1$, gilt mit $\varphi(p) = p - 1$ für $p \in \mathbb{P}$ der *Kleine Satz von Fermat*:

$$a^{p-1} \equiv 1 \bmod p.$$

2. Primzahltest[54]:

    Es sei $n > 1$. Wenn für jeden Primteiler $t$ von $n-1$ eine ganze Zahl $a = a(t)$ existiert mit

$$a^{n-1} \equiv 1 \bmod n \qquad \text{und} \qquad a^{\frac{n-1}{t}} \not\equiv 1 \bmod n,$$

    dann ist $n$ eine Primzahl.

3. Das Legendre-Symbol[55]:

    - Ist $p$ eine ungerade Primzahl und $p \nmid a$, dann gilt

$$\left(\frac{a}{p}\right) = a^{\frac{p-1}{2}} = 1.$$

    - Das zweite Ergänzungsgesetz:

$$\left(\frac{2}{p}\right) = (-1)^{\frac{p^2-1}{8}} = 1$$

      mit $p \in \mathbb{P}$ und $p \equiv 1 \bmod 8$ oder $p \equiv 7 \bmod 8$.

    - Das Quadratische Reziprozitätsgesetz:

      Sind $p$ und $q$ verschiedene ungerade Primzahlen, dann gilt

$$\left(\frac{p}{q}\right) = +\left(\frac{q}{p}\right) = 1, \text{ wenn } p \equiv 1 \bmod 4 \ \textit{oder} \ q \equiv 1 \bmod 4,$$

---

[53]Beweis s. Scheid; Frommer (2007), S. 128
[54]Beweis s. ebd., S. 153f.
[55]Beweis s. ebd., S. 239ff.

$$\left(\frac{p}{q}\right) = -\left(\frac{q}{p}\right) = -1, \text{ wenn } p \equiv 3 \bmod 4 \; und \; q \equiv 3 \bmod 4.$$

## 4.3 Mersenne'sche Primzahlen

Die MERSENNE'schen oder MERSENNE-Zahlen $M_p$ sind von der Bauform $2^p - 1$ mit $p \in \mathbb{P}$. Jedoch nicht jede MERSENNE-Zahl ist gleichzeitig eine Primzahl. Unter welchen Voraussetzungen bezüglich $p$ dies zutrifft (man spricht dann von der MERSENNE-*Prim*zahl), wird in den folgenden Sätzen bewiesen.

Bekannt sind heute 47 MERSENNE-Primzahlen, die größte wurde am 12. April 2009 gefunden. Mit knapp 13 Millionen Ziffern und ist sie die zweitgrößte bekannte Primzahl überhaupt: $2^{42643801} - 1$.[56]

**Satz 4.3.1**[57]

Ist $2^k - 1$ eine Primzahl, dann ist $k$ eine Primzahl.

**Beweis**

Satz 4.3.1 lässt sich anhand eines Widerspruchs beweisen.

Nehmen wir an, $k$ sei keine Primzahl, also darstellbar als $k = u \cdot v$. Dabei ist $1 < u$, wodurch sich $v < k$ ergibt. Wäre $1 = u$, würde $k = v$ gelten. Somit könnten auch Primzahlen durch $u \cdot v$ dargestellt werden. Wäre $1 > u$, würde $k > v$ gelten und es müssten zur Beweisführung Brüche bzw. negative Zahlen genutzt werden, wodurch der Beweis unnötig verkompliziert würde.

Durch Einsetzen von $k = u \cdot v$ in $2^k - 1$ erhalten wir

$$2^k - 1 = 2^{u \cdot v} - 1 = (2^u)^v - 1.$$

Es gilt $(x - 1) | (x^v - 1)$ für $x \in \mathbb{Z}$.[58] Für $x := 2^u$ gilt also

$$(2^u - 1) | ((2^u)^v - 1) \Rightarrow (2^u - 1) | (2^k - 1). \quad \square$$

Wenn $k$ also keine Primzahl ist, so ist $2^k - 1$ ebenfalls nicht prim, da es den Teiler $2^n - 1$ hat.

Um bei MERSENNE eine Primzahl zu erhalten, muss $k$ also eine Primzahl sein. Somit kann $2^k - 1$ dargestellt werden als

$$M_p = 2^p - 1, \qquad p \in \mathbb{P}.$$

---

[56]Vgl. http://www.mersenne.org
[57]Vgl. Scheid; Frommer (2007), S. 155
[58]Beweis s. Kap. *7 Anhang, 2.*

Allerdings gilt dies nicht für jedes $p$, wie im Folgenden in Satz 4.3.2 formuliert.

## Satz 4.3.2 (Satz von Euler)[59]

Dieser Satz geht auf Euler (1750) zurück, wurde aber erst 25 Jahre später von Lagrange bewiesen.

Ist $p$ eine Primzahl mit $p \equiv 3 \bmod 4$, dann ist $2p+1$ genau dann ein Teiler von $M_p$, wenn $2p+1$ eine Primzahl ist. Ist dabei $p > 3$, dann ist $M_p$ zusammengesetzt.

Anders dargestellt: Sei $p \in \mathbb{P}$ mit $p \equiv 3 \bmod 4$. Dann gilt:

$$(2p+1)|M_p \Leftrightarrow 2p+1 \in \mathbb{P}.$$

## Beweis

### Teil 1: „$\Rightarrow$"

Zunächst soll gezeigt werden, dass aus $(2p+1)|M_p$ folgt, dass $2p+1$ eine Primzahl ist, falls $p \in \mathbb{P}$ und $p \equiv 3 \bmod 4$. Somit ist $p$ immer ungerade.

Seien $n = 2p+1$ und $n|M_p$, also $(2p+1)|M_p$. Äquivalent hierzu ist $M_p = 2^p - 1 \equiv 0 \bmod n$. Also ist $2^p \equiv 1 \bmod n$. Da $p$ immer ungerade ist, ist $(-2)^p \not\equiv 1 \bmod n$. Da $2^p \equiv 1 \bmod n$, gilt: $2^{2p} \equiv 1 \bmod n$ und aufgrund der Zweierpotenz $(\pm 2)^{2p} \equiv 1 \bmod n$. Es folgt

$$(\pm 2)^{2p} - 1 \equiv (2^p+1)(2^p-1) \equiv (2^p+1)M_p \equiv 0 \bmod n,$$

also durch Einsetzen von $2p = n-1$ ergibt dies $(\pm 2)^{n-1} - 1 \equiv 0 \bmod n$ und daher $(\pm 2)^{n-1} \equiv 1 \bmod n$.

Um nun mit großer Wahrscheinlichkeit nachzuweisen, dass $n \in \mathbb{P}$, muss ein $a = a(t)$ aus $\mathbb{Z}$ gefunden werden, sodass Folgendes gilt:

$$a^{n-1} \equiv 1 \bmod n \qquad \text{und} \qquad a^{\frac{n-1}{t}} \not\equiv 1 \bmod n,$$

wobei $n > 1$ und $t$ ein Primteiler von $n-1$.[60]

In diesem Fall ergibt sich für $a = 2$, dass $a^{n-1} \equiv 2^{2p} \equiv 1 \bmod n$. Für $a(t) = -2$ erhält man außerdem $a^{\frac{n-1}{t}} \equiv (-2)^{\frac{2p}{2}} \equiv (-2)^p \not\equiv 1 \bmod n$. Somit kann man davon ausgehen, dass $n = 2p+1 \in \mathbb{P}$. $\square$

---

[59]Vgl. Scheid; Frommer (2007), S. 156
[60]S. hierzu Kap. 4.2 Voraussetzungen zu den Beweisen, 2.

Ebenso wäre es möglich, den FERMAT-Test oder Miller-Rabin-Test anzuwenden, um in $n$ eine Primzahl nachzuweisen.

**Teil 2: „⇐"**

Nun wird gezeigt, dass $2p + 1 \in \mathbb{P} \Rightarrow (2p + 1)|M_p$.

Sei $q = 2p + 1$ eine Primzahl.

Aus $p \equiv 3 \bmod 4 \Leftrightarrow p = 4k + 3$ und $q = 2p + 1$ folgt $q = 8k + 7 \Leftrightarrow q \equiv 7 \bmod 8$. Daher existiert nach dem zweiten Ergänzungssatz von Legendre eine Zahl $x$, sodass $x^2 \equiv 2 \bmod q$ lösbar ist, da $\left(\frac{p}{q}\right) = \left(\frac{2}{q}\right) = (-1)^{\frac{p^2-1}{8}} = 1$.[61] Daraus folgt nach dem *Kleinen Satz von Fermat*[62] wegen $q \in \mathbb{P}$

$$2^p \equiv x^{2p} \equiv x^{q-1} \equiv 1 \bmod q,$$

also $2^p \equiv 1 \bmod q \Leftrightarrow 2^p - 1 \equiv 0 \bmod q \Leftrightarrow q|M_p$ bzw. $2p + 1|M_p$. $\square$

Da nach Teil 1 $2p + 1 \in \mathbb{P}$ und nach Teil 2 $(2p + 1)|M_p$, ist Satz 4.3.2 bewiesen.

*Beispiel*

Es werden je drei Beispiele für MERSENNE-Primzahlen und zusammengesetzte MERSENNE-Zahlen gezeigt. Gelten muss hierbei: ist $p \in \mathbb{P}$ mit $p \equiv 3 \bmod 4$.

a) $2p + 1 \in \mathbb{P} \Rightarrow (2p + 1)|M_p$, also $M_p$ ist nicht prim, oder

b) $2p + 1 \notin \mathbb{P} \Rightarrow (2p + 1) \nmid M_p$, also $M_p$ ist prim.

$M_{11}$ ist zusammengesetzt, denn $2 \cdot 11 + 1 = 23 \in \mathbb{P}$ und daher $23|M_{11}$,

aber $M_{19}$ ist prim, denn $2 \cdot 19 + 1 = 39 \notin \mathbb{P}$ und daher $39 \nmid M_{19}$;

$M_{23}$ ist zusammengesetzt, denn $2 \cdot 23 + 1 = 47 \in \mathbb{P}$ und daher $47|M_{23}$,

aber $M_{27}$ ist prim, denn $2 \cdot 27 + 1 = 55 \notin \mathbb{P}$ und daher $55 \nmid M_{27}$;

$M_{83}$ ist zusammengesetzt, denn $2 \cdot 83 + 1 = 167 \in \mathbb{P}$ und daher $167|M_{83}$,

aber $M_{87}$ ist prim, denn $2 \cdot 87 + 1 = 175 \notin \mathbb{P}$ und daher $175 \nmid M_{87}$.

**Satz 4.3.3 (Lucas-Test)**[63]

Für eine Primzahl $p \geq 3$ ist $M_p$ genau dann eine Primzahl, wenn $M_p$ das $(p-1)$-te Glied der rekursiven Folge $\{s_i\}$ mit $s_1 = 4$ und $s_{i+1} = s_i^2 - 2$ teilt.

---

[61]S. hierzu Kap. *4.2 Voraussetzungen zu den Beweisen, 3.*
[62]S. hierzu Kap. *4.2 Voraussetzungen zu den Beweisen, 1.*
[63]Vgl. Scheid; Frommer (2007), S. 250f.

Anders lässt es sich so darstellen: $M_p \in \mathbb{P} \Leftrightarrow M_p | s_{p-1}$ mit $p \geq 3$ und prim.

Um den Beweis durchzuführen, bedarf es eines Hilfssatzes.

**Hilfssatz**[64]

Für $n \in \mathbb{N}$ seien die ganzen Zahlen $u_n$, $v_n$ definiert durch

$$u_n = \frac{(1+\sqrt{3})^n - (1-\sqrt{3})^n}{2\sqrt{3}}, \quad v_n = (1+\sqrt{3})^n + (1-\sqrt{3})^n.$$

a) Ist $p$ eine Primzahl mit $p > 3$, dann gilt

$$u_p \equiv \left(\frac{3}{p}\right) \bmod p \quad \text{und} \quad v_p \equiv 2 \bmod p$$

**Beweis**

Der Beweis wird anhand des binomischen Lehrsatzes durchgeführt. Demnach gilt für alle $n \in \mathbb{N}$ und beliebige Zahlen $a, b$

$$(a+b)^n = \sum_{k=0}^{n} \binom{n}{k} a^{n-k} b^k = a^n + n a^{n-1} b + \ldots + \binom{n}{k} a^{n-k} b^k + \ldots + n a b^{n-1} + b^n.$$

Für uns heißt dies:

$$u_p \equiv \sum_{k=0}^{\frac{p-1}{2}} \binom{p}{2k+1} 3^k \equiv 3^{\frac{p-1}{2}} \equiv \left(\frac{3}{p}\right) \bmod p,$$

$$v_p \equiv 2 \sum_{k=0}^{\frac{p-1}{2}} \binom{p}{2k} 3^k \equiv 2 \bmod p. \quad \square$$

b) Für $m, n \in \mathbb{N}$ gelten folgende Beziehungen:

(1) $u_m v_n + v_m u_n = 2 u_{m+n}$

(2) $u_m v_n - v_m u_n = -(-2)^{n+1} u_{m-n}$, falls $n < m$

(3) $v_m v_n + 12 u_m u_n = 2 v_{m+n}$

(4) $u_{2n} = u_n v_n$

(5) $v_n^2 + (-2)^{n+1} = v_{2n}$

(6) $v_n^2 - 12 u_n^2 = (-2)^{n+2}$

---

[64]Scheid; Frommer (2007), S. 248f.

**Beweis**

Der Einfachheit halber setzen wir $\alpha = 1+\sqrt{3}$ und $\beta = 1-\sqrt{3}$. Daher ist $\alpha\beta = -2$.

(1) $u_m v_n + v_m u_n$

$$= \left(\frac{\alpha^m - \beta^m}{2\sqrt{3}}\right)(\alpha^n + \beta^n) + (\alpha^m + \beta^m)\left(\frac{\alpha^n - \beta^n}{2\sqrt{3}}\right)$$

$$= \frac{(\alpha^m - \beta^m)(\alpha^n + \beta^n)}{2\sqrt{3}} + \frac{(\alpha^m + \beta^m)(\alpha^n - \beta^n)}{2\sqrt{3}}$$

$$= \frac{\alpha^{m+n} + \alpha^m\beta^n - \alpha^n\beta^m - \beta^{m+n} + \alpha^{m+n} - \alpha^m\beta^n + \alpha^n\beta^m - \beta^{m+n}}{2\sqrt{3}}$$

$$= 2\frac{\alpha^{m+n} - \beta^{m+n}}{2\sqrt{3}} = 2u_{m+n}$$

(2) $u_m v_n - v_m u_n$

$$= \left(\frac{\alpha^m - \beta^m}{2\sqrt{3}}\right)(\alpha^n + \beta^n) - (\alpha^m + \beta^m)\left(\frac{\alpha^n - \beta^n}{2\sqrt{3}}\right)$$

$$= \frac{(\alpha^{m+n} + \alpha^m\beta^n - \alpha^n\beta^m - \beta^{m+n}) - (\alpha^{m+n} - \alpha^m\beta^n + \alpha^n\beta^m - \beta^{m+n})}{2\sqrt{3}}$$

$$= 2\frac{\alpha^m\beta^n - \alpha^n\beta^m}{2\sqrt{3}} = 2\left((\alpha\beta)^n\frac{\alpha^{m-n}}{2\sqrt{3}} - (\alpha\beta)^n\frac{\beta^{m-n}}{2\sqrt{3}}\right)$$

$$= 2\cdot(-2)^n\left(\frac{\alpha^{m-n} - \beta^{m-n}}{2\sqrt{3}}\right) = -(-2)^{n+1}u_{m-n}$$

(3) $v_m v_n + 12 u_m u_n$

$$= (\alpha^m + \beta^m)(\alpha^n + \beta^n) + 12\left(\frac{\alpha^m - \beta^m}{2\sqrt{3}}\right)\left(\frac{\alpha^n - \beta^n}{2\sqrt{3}}\right)$$

$$= (\alpha^m + \beta^m)(\alpha^n + \beta^n) + 12\frac{(\alpha^m - \beta^m)(\alpha^n - \beta^n)}{(2\sqrt{3})^2}$$

$$= \alpha^{m+n} + \alpha^m\beta^n + \alpha^n\beta^m + \beta^{m+n} + \alpha^{m+n} - \alpha^m\beta^n - \alpha^n\beta^m + \beta^{m+n}$$

$$= 2(\alpha^{m+n} + \beta^{m+n}) = 2v_{m+n}$$

(4) $u_{2n}$

$$= \frac{\alpha^{2n} - \beta^{2n}}{2\sqrt{3}} = \frac{(\alpha^n - \beta^n)(\alpha^n + \beta^n)}{2\sqrt{3}} = \left(\frac{\alpha^n - \beta^n}{2\sqrt{3}}\right)(\alpha^n + \beta^n)$$

$$= u_n v_n$$

(5) $v_n^2 + (-2)^{n+1}$

$$= (\alpha^n + \beta^n)^2 + (-2)^{n+1} = \alpha^{2n} + \beta^{2n} + 2(\alpha\beta)^n - 2(-2)^n$$

$$= v_{2n} + 2(-2)^n - 2(-2)^n = v_{2n}$$

(6) $v_n^2 - 12u_n^2$

$$= (\alpha^n + \beta^n)^2 - 12\left(\frac{\alpha^n - \beta^n}{2\sqrt{3}}\right)^2 = (\alpha^{2n} + 2(\alpha\beta)^n + \beta^{2n}) - 12\frac{(\alpha^n - \beta^n)^2}{(2\sqrt{3})^2}$$

$$= (\alpha^{2n} + 2(-2)^n + \beta^{2n}) - (\alpha^{2n} - 2(-2)^n + \beta^{2n})$$

$$= 2(-2)^{n+1} = (-2)^{n+2} \quad \square$$

c) Ist $p$ eine Primzahl mit $p > 3$, dann existiert ein Index $r$ mit $p|u_r$. Ist $r$ minimal, dann ist $r \leq p+1$ und es gilt für alle $n \in \mathbb{N}$

$$p|u_n \Leftrightarrow r|n.$$

**Beweis**

Wir nehmen aus den natürlichen Zahlen jene Elemente, für die $p|u_n$ gilt mit $n \in \mathbb{N}$ und bezeichnen die erhaltene Menge mit $M$.

Mit den Indizes $k$ und $l$ gilt also $p|u_k$ und $p|u_l$.

Wegen (1) und (2) des Hilfssatzes ist auch $p|u_{k+l}$ und $p|u_{k-l}$.[65]

Da die Menge $M$ nicht leer ist,[66] existiert ein kleinstes Element $r$, welches alle anderen Elemente dieser Menge teilt. Alle Elemente aus $M$ sind also Vielfache von $r$ oder $r$ selbst.

Der sich im Anhang befindende Beweis zeigt, dass $p|u_{p+1}$ oder $p|u_{p-1}$. Das kleinste Element $r$ muss also entweder $p+1$ oder $p-1$ bzw. ein Teiler von $p+1$ oder $p-1$ sein. Mit anderen Worten: $r \leq p+1$. $\square$

**Beweis**

**Teil 1: „⇒"**

Wir setzen für den ersten Teil des Beweises voraus, dass $p$ und $M_p$ Primzahlen sind und schlussfolgern dann, dass $M_p|s_i$ mit $i = p - 1$, also $M_p|s_{p-1}$.
Wir müssen daher zeigen, dass

$$s_{p-1} \equiv 0 \bmod M_p.$$

Wenn also $s_{p-1} \equiv 0 \bmod M_p$, ist auch ein Vielfaches von $s_{p-1} \equiv 0 \bmod M_p$. Daher gilt

$$2^{(2p-2)} s_{p-1} \equiv 0 \bmod M_p.$$

Wird $2^{(2^{i-1})} s_i$ definiert als $\sigma_i$, wollen wir also nachweisen, dass mit $i = p - 1$

$$\sigma_{p-1} \equiv 0 \bmod M_p.$$

Aus $\sigma_i = 2^{(2^{i-1})} s_i$ folgt zudem $\sigma_{i+1} = \sigma_i^2 - 2^{(2^i+1)}$.[67]
Mit $p = i + 1$ gilt nun $\sigma_p = \sigma_{p-1}^2 - 4 \cdot 2^{(2^{p-1}-1)}$.[68]
Wegen $8|2^p \Leftrightarrow 2^p \equiv 0 \bmod 8 \Leftrightarrow 2^p - 1 \equiv M_p \equiv -1 \equiv 7 \bmod 8$ für $p \geq 3$ können wir das zweite Ergänzungsgesetz des Legendre-Symbols anwenden und erhalten $\left(\frac{2}{M_p}\right) \equiv$

---

[65]Beweis s. Kap. 7 *Anhang, 3.*
[66]Beweis s. Kap. 7 *Anhang, 4.*
[67]Beweis s. Kap. 7 *Anhang, 5.*
[68]Beweis s. Kap. 7 *Anhang, 6.*

$(-1)^{\frac{M_p^2-1}{8}} \equiv 1 \bmod M_p.$[69] Mit $a = 2$ und $M_p \in \mathbb{P}$ sind nach $\left(\frac{a}{p}\right) \equiv a^{\frac{p-1}{2}} \bmod p$[70] daher folgende Aussagen äquivalent:

$$\left(\frac{2}{M_p}\right) \equiv 2^{\frac{M_p-1}{2}} \equiv 2^{\frac{2^p-2}{2}} \equiv 2^{(2^{p-1}-1)} \equiv 1 \bmod M_p.$$

Durch Einsetzen von $\sigma_{p-1} \equiv 0 \bmod M_p$ (s. o.) und $2^{(2^{p-1}-1)} \equiv 1 \bmod M_p$ in $\sigma_p = \sigma_{p-1}^2 - 4 \cdot 2^{(2^{p-1}-1)}$ folgt $\sigma_p = 0 - 4 \cdot 1$. Es muss nun also lediglich gezeigt werden, dass $\sigma_p \equiv -4 \bmod M_p$.

Da $\sigma_i = v_{2^i}$ für $i \in \mathbb{N}$[71], gilt nach (3) aus dem Hilfssatz

$$2\sigma_p = 2v_{M_p} + 12u_{M_p}.\text{[72]}$$

Außerdem ist wegen $M_p \equiv 1 \bmod 3$, $M_p \equiv 3 \bmod 4$,[73] Teil a) des Hilfssatzes und wegen des quadratischen Reziprozitätsgesetzes beim Legendre-Symbol

$$u_{M_p} \equiv \left(\frac{3}{M_p}\right) \equiv -\left(\frac{M_p}{3}\right) \equiv -1 \bmod M_p,$$

$$v_{M_p} \equiv 2 \bmod M_p.\text{[74]}$$

Dividieren wir $2\sigma_p = 2v_{M_p} + 12u_{M_p}$ (s. o.) durch 2, erhalten wir somit $\sigma_p \equiv v_{M_p} + 6u_{M_p}$. Durch Einsetzen von $u_{M_p} = -1$ und $v_{M_p} = 2$ kommen wir auf $\sigma_p \equiv 2 + 6(-1) \equiv -4 \bmod M_p$.

Da also $\sigma_p \equiv -4 \bmod M_p$, ist $\sigma_{p-1} \equiv 0 \bmod M_p$ und somit auch $s_{p-1} \equiv 0 \bmod M_p$. Es gilt nun $M_p | s_{p-1}$, womit Teil 1 bewiesen ist. $\square$

**Teil 2: „$\Leftarrow$"**

Zunächst definieren wir $M_p := M_n$, da wir noch nicht wissen, ob $M_p$ tatsächlich prim ist. Nun soll gezeigt werden, dass aus der Voraussetzung $M_n | s_{n-1}$ folgt, dass $M_p \in \mathbb{P}$, falls $p \geq 3$ und prim.

Es gilt also $s_{n-1} \equiv 0 \bmod M_n$. In Teil 1 haben wir bereits gezeigt, dass $\sigma_{n-1} \equiv 0 \bmod M_n$[75] und erhalten somit $M_n | \sigma_{n-1}$ bzw. $2^n - 1 | \sigma_{n-1}$ und $2^n - 1 | s_{n-1}$.

---

[69]S. hierzu Kap. *4.2 Voraussetzungen zu den Beweisen, 3.*
[70]S. hierzu Kap. *4.2 Voraussetzungen zu den Beweisen, 3.*
[71]Beweis s. Kap. *7 Anhang, 7.*
[72]Beweis s. Kap. *7 Anhang, 8.*
[73]Beweis s. Kap. *7 Anhang, 9.*
[74]S. hierzu Kap. *4.2 Voraussetzungen zu den Beweisen, 3.*
[75]Da dies unabhängig von den Voraussetzungen der Teilbeweise ist, können wir diese Schlussfolgerung aus Teil 1 problemlos auf diesen Teil übertragen.

Nach (4) des Hilfssatzes gilt

$$u_{2^n} = u_{2^{n-1}}\sigma_{n-1}.^{76}$$

Daher teilt $2^n - 1$ auch $u_{2^n}$, da es ein Vielfaches von $\sigma_{n-1}$ ist.

Mit der Annahme, $p$ sei ein Primteiler von $2^n - 1$, gilt außerdem $p|u_{2^n}$. Mit dem kleinsten, alle übrigen Elemente teilenden Element $r$ aus dem Hilfssatz c) gilt somit $r|p$ und daher auch $r|u_{2^n}$.

Zusammengefasst lässt sich nun sagen $r|p|(2^n - 1)|u_{2^n}$, $(2^n - 1)|\sigma_{n-1}$ und $(2^n - 1)|v_{2^{n-1}}$, da $\sigma_{n-1} = v_{2^{n-1}}$. Also gilt $p|v_{2^{n-1}}$ und $p|\sigma_{n-1}$.

Da $p|v_{2^{n-1}}$, teilt $p$ auch $v_{2^{n-1}}^2$.

Nach c) des Hilfssatzes gilt $r|n \Rightarrow p|u_n$.

Nun nehmen wir an, es würde $r|2^{n-1}$ gelten. Dadurch müsste auch gelten $p|u_{2^{n-1}}$ und daher teilt $p$ auch ein Vielfaches von $u_{2^{n-1}}$, nämlich $12u_{2^{n-1}}^2$. Nach (6) des Hilfssatzes gilt $v_{2^{n-1}}^2 - 12u_{2^{n-1}}^2 = (-2)^{2^{n-1}+2}$. Da $p$ also die gesamte linke Seite der Gleichung teilt, müsste es auch die rechte Seite teilen. $(-2)^{2^{n-1}+2}$ ist aber eine Zweierpotenz und kann somit keinen ungeraden Teiler haben, wie es $p$ aber ist. Nach Voraussetzung muss nämlich $p \geq 3$ und prim sein, also ungerade. Dadurch ergibt sich ein Widerspruch zur Behauptung $r|2^{n-1}$.

Da $r|2^n$, nicht aber die nächst kleinere Zweierpotenz $2^{n-1}$, muss $r = 2^n$ sein. Da wir annehmen $p|(2^n - 1)$ (s. o.), gilt $(p+1)|2^n$. Da aber $r = 2^n$ und $r$ das kleinste Element, tritt ein Widerspruch zu dieser Annahme auf. Daraus folgt nach $r \leq p + 1$ aus c) des Hilfssatzes, dass $r = p + 1 = 2^n$. Es folgt $p = 2^n - 1 = M_p$. Da $p$ nach Voraussetzung prim ist und gleich $M_p$, ist $M_p$ eine Primzahl. $\square$

### Beispiel 1

Es soll nun mithilfe von Satz 4.3.3 gezeigt werden, dass die MERSENNE-Zahl $M_7 = 127$ prim ist.

Daher muss $M_7$ das sechste Glied der rekursiven Folge $\{s_i\}$ in $\mod 127$ teilen. Ist dies der Fall, so ist $M_7 \in \mathbb{P}$.

Aus $s_1 = 4$ folgt $s_2 = 4^2 - 2 \equiv 14$, $s_3 = 14^2 - 2 \equiv 67$, $s_4 = 67^2 - 2 \equiv 42$, $s_5 \equiv 111$, $s_6 \equiv 0 \mod 127$.

Da $s_6 \equiv 0 \mod 127$ gilt $127|s_6$. Somit ist $M_7$ prim.

### Beispiel 2

Nun soll überprüft werden, ob $M_{11} = 2047$ eine Primzahl ist. Dazu müsste $s_{10} \stackrel{?}{\equiv} 0 \mod 2047$ sein. Wir schauen uns daher erneut die Folge $\{s_i\}$ an, diesmal in $\mod 2047$:

---

[76]Beweis s. Kap. *7 Anhang, 10.*

$s_1 \equiv 4$, $s_2 \equiv 14$, $s_3 \equiv 194$, $s_4 \equiv 788$, $s_5 \equiv 701$, $s_6 \equiv 119$, $s_7 \equiv 1877$, $s_8 \equiv 240$, $s_9 \equiv 282$, $s_{10} \equiv 1736 \bmod 2047$.

$s_{10}$ lässt also bei Division mit 2047 einen Rest. Daher ist $M_{11} = 2047$ keine Primzahl.

**Beispiel 3**

Da heutzutage aufgrund ihrer immensen Größe einer MERSENNE-Zahl mittels binär rechnender Computer überprüft wird, ob diese prim ist, folgt ein Beispiel im Zweiersystem für $M_{13} = 1111111111111$.

$s_1 = 100$,

$s_2 = 100^2 - 10 = 10000 - 10 = 1110$,

$s_3 = 1110^2 - 10 = 1000100 - 10 = 11000010$,

$s_4 = 11000010^2 - 10 = 1001001100000100 - 10 = 1001001100000010$.

$s_4$ muss nun in $\bmod M_{13}$ umgerechnet werden. Es ergibt sich $s_4 \equiv 1001100000110 \bmod M_{13}$.

$s_5 \equiv 1001100000110^2 - 10 \equiv 1011010011110010000100010 \equiv 111101110001 \bmod M_{13}$,

$s_6 \equiv 111101110001^2 - 10 \equiv 1011101010010 \bmod M_{13}$,

$s_7 \equiv 1011101010010^2 - 10 \equiv 11101000001 \bmod M_{13}$,

$s_8 \equiv 100100$, $s_9 \equiv 10100001110$, $s_{10} \equiv 110110001110$, $s_{11} \equiv 10000000$.

Da sich nun ergibt, dass $s_{12} \equiv 0 \bmod M_{13}$, ist $M_{13}$ eine Primzahl.

**Zusammenfassung**

Die MERSENNE-Zahl ist also nur unter folgenden Voraussetzungen tatsächlich eine Primzahl:

1. $M_p \in \mathbb{P}$, falls $p \in \mathbb{P}$. Falls dabei $p \equiv 3 \bmod 4$ und $p > 3$, muss gelten: $2p + 1 \notin \mathbb{P}$.

2. $M_p \in \mathbb{P}$, falls für $p \in \mathbb{P}$ mit $p \geq 3$ gilt: $M_p$ teilt das $(p-1)$-te Glied der rekursiven Folge $\{s_i\}$ mit $s_1 = 4$ und $s_{i+1} = s_i^2 - 2$.

Die ersten zehn MERSENNE-Primzahlen ergeben sich somit für $p \in \{2, 3, 5, 7, 13, 17, 19, 31, 61, 89\}$.

## 4.4 Fermat'sche Primzahlen

FERMAT war der Meinung, ebenfalls eine Formel zum Aufspüren von Primzahlen entdeckt zu haben, die ähnlich der von MERSENNE ist: $F_n = 2^{2^n} + 1$, $n \in \mathbb{N}_0$. Allerdings war FERMAT irrtümlich davon überzeugt, dass sein Satz für jedes $n \in \mathbb{N}_0$ gilt. $F_0 = 3$, $F_1 = 5$, $F_2 = 17$, $F_3 = 257$ und $F_4 = 65537$ sind die bis heute einzigen gefundenen Primzahlen, welche seinerzeit auch schon FERMAT selbst entdeckt hatte. Schriftlich $F_5$ zu faktorisieren ist jedoch sehr aufwändig, da die Ziffernanzahl von FERMAT-Zahlen exponentiell steigt, weshalb wohl FERMAT für diese Zahl keine Primteiler fand (oder sie nicht suchte, da er von seinem Satz überzeugt war). Tatsächlich hätte er $F_5$ relativ leicht mit seinem *kleinen Satz* überprüfen können.

Es gilt heute die allgemein vertretene Meinung, dass keine weiteren FERMAT-Primzahlen existieren. Ein Beweis hierzu steht allerdings noch aus.

**Satz 4.4.1**[77]

Ist $2^k + 1$ eine Primzahl, dann ist $k$ eine Zweierpotenz.

**Beweis**

Ähnlich wie Satz 4.3.1 lässt sich auch dieser Satz anhand eines Widerspruches beweisen. Wir nehmen an, $k = 2^r \cdot u$ mit $2 \nmid u$ und $u > 1$. Somit wäre $k$ also keine Zweierpotenz mehr. Folglich lässt sich nun schreiben

$$2^k + 1 = 2^{(2^r \cdot u)} + 1 = (2^{2^r})^u + 1.$$

In dem Beweis zu Satz 4.3.1 wurde gezeigt, dass $(x-1)|(x^v-1)$. Es gilt auch die Aussage $(x+1)|(x^u+1)$ für jedes $x \in \mathbb{Z}$ und $2 \nmid u$.[78] Mit $x := 2^{2^r}$ folgt also

$$(2^{2^r} + 1)|((2^{2^r})^u + 1) \Leftrightarrow (2^{2^r} + 1)|(2^k + 1).$$

Ist $k$ also *keine* Zweierpotenz, so ist $2^k + 1$ keine Primzahl, da es faktorisierbar ist mit $2^{2^r} + 1$. $k$ muss demnach eine Zweierpotenz sein, um in $2^k + 1$ eine Primzahl zu erhalten. $\square$

Letzteres gilt aber, wie einleitend erwähnt, nicht für jede Zweierpotenz, sondern vermutlich lediglich für $k = 2^n$ mit $0 \le n \le 4$, so die heutige Ansicht.

**Satz 4.4.2**[79]

Jede FERMAT-Zahl ist zu allen vorangehenden teilerfremd.

**Beweis**

Durch vollständige Induktion lässt sich beweisen, dass $F_0 \cdot F_1 \cdot F_2 \cdot \ldots \cdot F_{n-1} = F_n - 2$.[80] Daraus kann man schließen, dass jeder einzelne Faktor der linken Seite $F_n - 2 = 2^{2^n} - 1$

---

[77]Vgl. Scheid; Frommer (2007), S. 155
[78]Beweis s. Kap. *7 Anhang, 11.*
[79]Vgl. Scheid; Frommer (2007), S. 157
[80]Beweis s. Kap. *7 Anhang, 12.*

teilt. Er kann aber daher nicht auch $F_n = 2^{2^n} + 1$ teilen, da der größte gemeinsame Teiler in diesem Fall nur 1 (bzw. 2) sein kann. Somit ist $F_n$ zu allen vorangehenden teilerfremd. $\square$

**Satz 4.4.3**[81]

Ist $n \geq 2$ und $p$ ein Primteiler von $F_n$, dann gilt

$$p \equiv 1 \bmod 2^{n+2}.$$

**Beweis**

Es gelte $p|F_n$, also $p|(2^{2^n} + 1)$. Daraus folgt, dass $2^{2^n} + 1 \equiv 0 \bmod p$. Somit ist $2^{2^n} \equiv -1 \bmod p$. Des weiteren ist $2^{(2^{n+1})} = (2^{2^n})^2$, und da $2^{2^n} \equiv -1$ folgt also $2^{(2^{n+1})} \equiv 1 \bmod p$. In Hinsicht auf die Gruppenordnung ist deshalb $ord_p[2] = 2^{n+1}$.

Der *Satz von Lagrange* besagt, dass $ord_m[g]||G|$. In unserem Fall ist $ord_m[g] = ord_p[2] = 2^{n+1}$ und $|G| = p - 1$. Es folgt also $2^{n+1}|(p - 1)$, mit anderen Worten $p \equiv 1 \bmod 2^{n+1}$.

Wir wissen außerdem, dass $p \equiv 1 \bmod 8$, denn nach Voraussetzung gilt $n \geq 2$. Eingesetzt in $p \equiv 1 \bmod 2^{n+1}$ ergibt dies nämlich $p \equiv 1 \bmod 2^{2+1} \equiv 1 \bmod 2^3 \equiv 1 \bmod 8$.

Ähnlich dem zweiten Teilbeweis zu Satz 4.3.2 wissen wir, dass nach dem zweiten Ergänzungsgesetz des Legendre-Symbols ein $x$ existiert mit $x^2 \equiv 2 \bmod p$, da $\left(\frac{2}{p}\right) = (-1)^{\frac{p^2-1}{8}} = 1$.

Aus $2^{2^n} \equiv -1 \bmod p$ folgt nun $x^{(2^{n+1})} \equiv -1$, weil $x^{(2^{n+1})} \equiv x^{(2 \cdot 2^n)} \equiv (x^2)^{(2^n)} \equiv 2^{(2^n)} \bmod p$. Ebenso folgt $2^{(2^{n+1})} \equiv x^{(2^{n+2})} \equiv 1 \bmod p$. Hier erhalten wir nun $ord_p[x] = 2^{n+2}$, mit $|G| = p - 1$ nach Lagrange also $2^{n+2}|(p - 1)$ bzw. $p \equiv 1 \bmod 2^{n+2}$, womit wir die Aussage bewiesen haben. $\square$

*Beispiel 1: $F_4$ ist prim*

Wenden wir nun diesen Satz an und zeigen, dass $F_4 = 2^{(2^4)} + 1 = 2^{16} + 1 = 65537$ eine Primzahl ist.

Wir erhalten durch Anwendung von Satz 4.4.3 $p \equiv 1 \bmod 2^6$, also $2^6|(p - 1)$, mit anderen Worten $2^6 k = p - 1 \Leftrightarrow 2^6 k + 1 = p$. Also muss der Primteiler $p$ von $F_4$ der Form $2^6 k + 1$ sein, wobei $k \geq 1$. Mögliche Primteiler wären somit $p \in \{65, 129, 193, 257, 321, 358, 449, \ldots\}$. Streichen wir zunächst die zusammengesetzten Zahlen, erhalten wir $p \in \{193, 257, 449, \ldots\}$.

Angenommen, $F_4$ wäre zusammengesetzt, müsste der größte Primteiler $p \leq \sqrt{2^{16} + 1} \approx 2^8 = 256$ sein. Wir können somit alle möglichen kleinsten Primteiler $\geq 256$ streichen. Es kommt lediglich $p_1 = 193$ als möglicher kleinster Primteiler in Frage.

---

[81]Vgl. Scheid; Frommer (2007), S. 247f.

Es wurde bewiesen, dass jede FERMAT-Zahl zu allen vorangehenden teilerfremd ist. Dadurch fällt als zweiter Primteiler $p_2 = 257 = 2^{(2^3)} + 1 = F_3$ heraus, da ansonsten $F_3$ ein Teiler von $F_4$ wäre und somit $\mathrm{ggT}(F_3, F_4) > 1$. Als nächster Primteiler bleibt somit $p_3 = 449$. Da aber $193 \cdot 449 > F_4$, ergibt sich ein Widerspruch zu Satz 4.4.3. $F_4$ hat also keinen Primteiler und ist daher eine Primzahl.

**Beispiel 2: $F_5$ ist nicht prim**

Durch Anwenden von Satz 4.4.3 erhalten wir $p \equiv 1 \bmod 2^7 \Rightarrow p = 2^7 k + 1, k \in \mathbb{N}$, mögliche Primteiler wären somit $p \in \{129, 257, 385, 513, 641, 769, \ldots\}$. Wir streichen wieder die zusammengesetzten Zahlen und erhalten $p \in \{257, 641, 769, \ldots\}$. Außerdem ist $257 = F_3$, da aber $F_{n, 0 \le n \le 4}$ kein Teiler von $F_5$ sein kann, ist zunächst 641 als Primteiler von $F_5$ möglich, was sich als wahr erweist.

**Beispiel 3: Primfaktoren von $F_{12}$**

Um mögliche Primteiler von $F_{12}$ zu finden, wird $2^{12+2}$ zunächst kongruent zu $p \in \mathbb{P}, 2 < p < 14$ gesetzt, also $p \in \{3, 5, 7, 11, 13\}$.

$p = 3$:    $2^{14} \equiv 1 \bmod 3$. Wegen $a_k = 2^{14} k + 1$ gilt $a_k \equiv 1k + 1 \bmod 3$. Für $k \in \{2, 5, 8, \ldots\}$, also $k \equiv 2 \bmod 3$ gilt $a_k \equiv 0 \bmod 3$ und somit $3 | a_k$. Daher können $a_2, a_5, a_8, \ldots$ keine Primteiler von $F_{12}$ sein, weil $a_k$ zusammengesetzt ist.

$p = 5$:    $2^{14} \equiv 1 \bmod 5$. Wegen $a_k = 2^{14} k + 1$ gilt $a_k \equiv 4k + 1 \bmod 3$. Für $k \in \{1, 6, 11, \ldots\}$, also $k \equiv 1 \bmod 5$ gilt $a_k \equiv 0 \bmod 5$ und somit $5 | a_k$. Daher können $a_1, a_6, a_{11}, \ldots$ keine Primteiler von $F_{12}$ sein, weil $a_k$ zusammengesetzt ist.

$p = 7$:    $2^{14} \equiv 4 \bmod 7$. Wegen $a_k = 2^{14} k + 1$ gilt $a_k \equiv 4k + 1 \bmod 7$. Für $k \in \{5, 12, 19, \ldots\}$, also $k \equiv 5 \bmod 7$ gilt $a_k \equiv 0 \bmod 7$ und somit $7 | a_k$. Daher können $a_5, a_{12}, a_{19}, \ldots$ keine Primteiler von $F_{12}$ sein, weil $a_k$ zusammengesetzt ist.

$p = 11$:    $2^{14} \equiv 5 \bmod 11$. Wegen $a_k = 2^{14} k + 1$ gilt $a_k \equiv 5k + 1 \bmod 11$. Für $k \in \{2, 13, 24, \ldots\}$, also $k \equiv 2 \bmod 11$ gilt $a_k \equiv 0 \bmod 11$ und somit $11 | a_k$. Daher können $a_2, a_{13}, a_{24}, \ldots$ keine Primteiler von $F_{12}$ sein, weil $a_k$ zusammengesetzt ist.

$p = 13$:    $2^{14} \equiv 4 \bmod 13$. Wegen $a_k = 2^{14} k + 1$ gilt $a_k \equiv 4k + 1 \bmod 13$. Für $k \in \{3, 16, 29, \ldots\}$, also $k \equiv 3 \bmod 13$ gilt $a_k \equiv 0 \bmod 13$ und somit $13 | a_k$. Daher können $a_1, a_6, a_{11}, \ldots$ keine Primteiler von $F_{12}$ sein, weil $a_k$ zusammengesetzt ist.

Des weiteren ist $a_4$ kein Primteiler von $F_{12}$, da $a_4 = 2^{14} \cdot 2^2 + 1 = 2^{16} + 1 = F_4$.

$a_1, a_2, a_3, a_4, a_5, a_6, a_8, a_{11}, a_{12}, \ldots$ sind also keine Primteiler von $F_{12}$.

Als möglicher Primteiler bleibt somit zunächst $a_7 = 2^{14} \cdot 7 + 1 = 114689$, welches tatsächlich ein Primteiler von $F_{12}$ ist.

**Zusammenfassung**

FERMAT-Zahlen sind also nur unter folgenden Bedingungen prim:

1. $F_n \in \mathbb{P}$, falls $0 \leq n \leq 4$ (nach heutiger Ansicht).

2. $F_n \in \mathbb{P}$, falls $2^{n+2}k + 1$ mit $k \geq 1$ kein Primteiler von $F_n$ ist.

   Man braucht in diesem Falle also nicht alle möglichen Primteiler von $F_n$, sondern lediglich die der Form $2^{n+2}k + 1$ zu überprüfen.

FERMAT-Zahlen finden nicht nur in der Kryptographie Anwendung. Seit 1879 existiert eine Konstruktionsbeschreibung zum regelmäßigen 65537-Eck mit Zirkel und Lineal in der Universität Göttingen. Gauß bewies seinerzeit nämlich, „dass ein regelmäßiges $n$-Eck genau dann mit Zirkel und Lineal konstruiert werden kann, wenn $n$ die Form $n = 2^r \cdot p_1 \cdot p_2 \cdot \ldots \cdot p_k$ hat, wobei $p_1, p_2, \ldots, p_k$ verschiedene FERMAT'sche Primzahlen sind."[82] Da $1028 = 2^2 \cdot F_3$, lässt sich zum Beispiel ein regelmäßiges 1028-Eck zeichnen. Ebenso verhält es sich mit dem 65537-Eck, da $65537 = 2^0 \cdot F_4$.

---

[82]Scheid; Frommer (2007), S. 158

# 5 Schlussteil und weiterführende Gedanken

Ich möchte an dieser Stelle meine Arbeit abschließen und noch einmal zusammenfassen, wie ich in den vorangegangenen Kapiteln vorgegangen bin.

In Kapitel 4.1 wurde erwähnt, dass die Sicherheit von Kryptosystemen auf dem Problem der Faktorisierung von zwei Primzahlen beruht. Hierzu möchte ich aber erwähnen, dass es mit der fortschreitenden Entwicklung des Computers möglich ist, in immer kürzerer Zeit immer größere Produkte von Primzahlen zu faktorisieren, sodass Kryptosysteme, deren Sicherheit auf dem Problem der Faktorisierung beruht, stets einer schweren Prüfung unterliegen. Demgegenüber stehen wiederum die Kryptographen, die dank der zunehmenden Rechenleistung von Computern in der Lage sind, immer größere Primzahlen zu erzeugen, wodurch die Faktorisierung erneut erschwert wird. Es findet also ein steter Wettlauf zwischen Kryptographen und Kryptoanalytikern statt.

In einiger Literatur ist zu diesem Thema von Quantencomputern die Rede, welche Faktorisierung in polynomieller Laufzeit vornehmen können. Auf den ersten Blick scheinen folglich die Kryptoanalytiker endgültig gewonnen zu haben, da herkömmliche Kryptosysteme wie das RSA-Verfahren hinfällig werden. Bennett und Brassard gelang es jedoch, ein Kryptosystem auf Basis der *Quantenkryptographie* zu entwickeln, welches perfekte Geheimhaltung gewährleistet. Näheres hierzu ist für jeden Interessierten beispielsweise aus Simon Singhs *Geheime Botschaften*[83] zu entnehmen.

Es folgten die Kapitel zu den MERSENNE- und FERMAT-Zahlen.

In Satz 4.3.1 wurde erstmals beschrieben, unter welchen Umständen eine MERSENNE-Zahl überhaupt nur prim sein kann, nämlich, wenn der Exponent prim ist. Der Beweis hierzu wurde anhand eines Widerspruchs durchgeführt.

Der *Satz von Euler* (Satz 4.3.2) zeigte anschließend in zwei Schritten, wann eine solche Zahl tatsächlich prim ist. Im Anschluss hieran fand sich ein Beispiel, um die Anwendung des Satzes zu verdeutlichen.

Im *Lucas-Test* (Satz 4.3.3) wurde zur Beweisführung zunächst auf einen Hilfssatzes zurückgegriffen. In zwei Schritten wurde gezeigt, unter welchen Bedingungen die MER-SENNE-Zahl prim ist. Das letzte der drei Beispiele hierzu zeigte dabei ansatzweise, wie ein Computer bei der Suche nach MERSENNE-Primzahlen vorgeht.

Dabei fällt auf, dass $M_{13}$ sich im Binärsystem durch eine Folge von Einsen darstellen lässt. Dies ist auf die Bauart der MERSENNE-Zahlen zurückzuführen. Zweierpotenzen, wie sie bei den MERSENNE'schen Zahlen enthalten sind, werden im Binärsystem durch eine 1 an erster Stelle und nachfolgenden $000\ldots$ dargestellt. Subtrahiert man nun um 1,

---

[83]Vgl. Singh (2000), S. 400ff.

wird aufgrund des Übertrags jede 0 um 1 reduziert und die zuvorderst stehende 1 gelöscht. Wir erhalten schließlich eine Folge von $111\ldots$

Für $M_7 = 2^7 - 1$ zum Beispiel ergibt sich daher $10000000_2 - 1_2 = 1111111_2$.

Da es sich manche als Ziel gesetzt haben, immer größere MERSENNE-Primzahlen zu finden, wurde das Programm *GIMPS* (*Great Internet Mersenne Prime Seach*)[84] entwickelt. Hierbei werden alle Computer, die dieses Programm installiert haben, vernetzt, um mit vereinter Rechenleistung die Suchzeit zu verringern.

Sehr ähnlich zu dem ersten Satz der MERSENNE-Zahlen wurde Satz 4.4.1 durchgeführt. Möchte man eine FERMAT-Zahl finden, musste der Exponent eine Zweierpotenz sein. Aber auch hier war dies keine ausreichende Bedingung (ähnlich dem primen Exponenten von Satz 4.3.1).

Da sich die Wissenschaft heute darüber einig ist – wenn auch unbewiesen – dass überhaupt nur fünf FERMAT-Zahlen prim sind, findet Satz 4.4.3 primär seine Aufgabe im Finden von Primfaktoren großer FERMAT-Zahlen. Ein Beispiel hierzu wurde am Ende des Kapitels angeführt. Es wurde zur Beweisführung aber auf Satz 4.4.2 zurückgegriffen, in welchem gezeigt wurde, dass jede FERMAT-Zahl zu allen vorangehenden teilerfremd ist.

Auch FERMAT'sche Zahlen haben im Binärsystem, ähnlich den MERSENNE'schen Zahlen, eine unverwechselbare Form: $100\ldots001$, also eine 1 an erster und letzter Stelle. Dies kommt ebenfalls aufgrund der Zweierpotenz in jeder FERMAT-Zahl zustande, die allerdings mit 1 addiert wird.

Für $F_3 = 2^{2^3} + 1$ ergibt sich daher $100000000_2 + 1_2 = 100000001_2$.

Doch wie sehen überhaupt die Vor- und Nachteile von geheimer Kommunikation aus?

Als das RSA-Verfahren öffentlich wurde, gab es sowohl Befürworter als auch Gegner dieser Maßnahme. Positiv ist, dass Firmen und Privatpersonen nun Informationen an Partner vertraulich übermitteln können, ohne sich der Befürchtung auszusetzen, abgehört zu werden. Planungen von Projekten beispielsweise können von anderen Firmen nicht mehr – oder nur mit erheblichem Mehraufwand – gestohlen werden.

Allerdings findet RSA auch im Terrorismus der Gegenwart Anwendung. Radikale Extremisten können auf sicherem Wege Emails verschicken, Telefonate führen und somit ihre nächsten Angriffsziele planen und Anweisungen geben, ohne dass die Polizei etwas dagegen unternehmen kann.

Wie so häufig in der Wissenschaft findet sich auch in der Kryptographie ein Gegenpol zur friedlichen Nutzung.

---

[84]http://www.mersenne.org

# 6 Literaturverzeichnis

## 6.1 Buch

BAUER, F. L.: *Entzifferte Geheimnisse. Methoden und Maximen der Kryptologie.* Berlin u. a.: Springer-Verlag, 1997.

HOFMANN, J. E.; SCRIBA, J. C.: *Ausgewählte Schriften Band I.* Hildesheim u. a.: Georg Olms Verlag, 1990.

HOFMANN, J. E.; SCRIBA, J. C.: *Ausgewählte Schriften Band II.* Hildesheim u. a.: Georg Olms Verlag, 1990.

KAISER, H.; NÖBAUER, W.: *Geschichte der Mathematik für den Schulunterricht 2.* 2. überarbeitete und wesentlich erweiterte Auflage. Wien: Hölder-Pichler-Tempsky, 1998.

KORDOS, M.: *Streifzüge durch die Mathematikgeschichte.* 1. Auflage. Stuttgart: Ernst Klett Verlag GmbH, 1999.

SCHAFMEISTER, O.; WIEBE, H.: *Grundzüge der Algebra.* 1. Auflage. Stuttgart: Teubner, 1978.

SCHEID, H.; FROMMER, A.: *Zahlentheorie.* 4. Auflage. München: Spektrum Akademischer Verlag, 2007.

SCHNEIER, B.: *Angewandte Kryptographie. Protokolle, Algorithmen und Sourcecode in C.* 2. Auflage. München: Pearson Studium, 2006.

SINGH, S.: *Fermats letzter Satz. Die abenteuerliche Geschichte eines mathematischen Rätsels.* München: Carl Hanser Verlag, 1998.

SINGH, S.: *Geheime Botschaften. Die Kunst der Verschlüsselung von der Antike bis in die Zeiten des Internet.* München: Carl Hanser Verlag, 2000.

## 6.2 Zeitschriftenartikel

STRICK, H. K.: *Geschichten aus der Mathematik. Eine biografische Briefmarkensammlung von Pythagoras bis Kolmogorow.* In: Spektrum der Wissenschaft – Spezial, Jg. 2 (2009), S. 36 – 37.

## 6.3 Sammelwerk

HOFMANN, J. E.: *Erster Teil. Von den Anfängen bis zum Auftreten von Fermat und Descartes.* In: Sammlung Göschen Band 226/226a. Geschichte der Mathematik. 2., verbesserte und vermehrte Auflage. Berlin: Walter de Gruyter & Co., 1963.

## 6.4 Internet

DEUTSCHE NATIONALBIBLIOTHEK: *Katalog der Deutschen Nationalbibliothek.* http://dnb.info/gnd/118581201 – Aktualisierungsdatum: 26.06.2010

LOHMANN, H.: *Mersenne, Marin.* http://www.bautz.de/bbkl/m/mersenne.shtml – Aktualisierungsdatum: 26.06.2010

MERSENNE RESEARCH, INC.: *Great Internet Mersenne Prime Search. Gimps.* http://www.mersenne.org/ – Aktualisierungsdatum: 14.08.2010

O'CONNER, J. J.; ROBERTSON, E. F.: *Mersenne.* http://www.mathematik.ch/ mathematiker/mersenne.php – Aktualisierungsdatum: 26.06.2010

## 6.5 Bildnachweis

WIKIPEDIA: http://upload.wikimedia.org/wikipedia/commons/7/70/Alberti_cipher_ disk.JPG – Aktualisierungsdatum: 14.08.2010

WIKIPEDIA: *Marin Mersenne.* http://upload.wikimedia.org/wikipedia/commons/9/98/ Marin_Mersenne.jpeg – Aktualisierungsdatum: 26.06.2010

WIKIPEDIA: *Pierre de Fermat.* http://upload.wikimedia.org/wikipedia/commons/b/bd/ Pierre_de_Fermat_(F._Poilly).jpg – Aktualisierungsdatum: 26.06.2010

# Anhang

1. Die Aussage FERMATS in Latein, einen Beweis zu seinem *Großen Satz* gefunden zu haben:

   Cuius rei demonstrationem mirabilem sane detexi. Hanc marginis exiguitas non caperet.[85]

2. Mit $x \in \mathbb{Z}$ und $v \in \mathbb{N}$ gilt $(x-1)|(x^v - 1)$, weil

   $$
   \begin{aligned}
   (x^v - 1) &= (x-1)(x^{v-1} + x^{v-2} + \ldots + x + 1) \\
   &= x^v + \cancel{x^{v-1}} + \ldots + \cancel{x^2} + \cancel{x} - \cancel{x^{v-1}} - \cancel{x^{v-2}} - \ldots - \cancel{x} - 1 \\
   &= x^v - 1
   \end{aligned}
   $$

3. Nach (1) des Hilfssatzes gilt $u_k v_l + v_k u_l = 2u_{k+l}$.

   Mit $p|u_k$ bzw. $p|u_l$ ist auch $p|u_k v_l$ bzw. $p|v_k u_l$ und somit $p|u_k v_l + v_k u_l$, also $p|2u_{k+l}$. Da $p > 3$ muss gelten $p|u_{k+l}$, weil $p \nmid 2$.

   Nach (2) des Hilfssatzes gilt $u_k v_l - v_k u_l = -(-2)^{l+1}u_{k-l}$, falls $l < k$.

   Mit $p|u_k$ bzw. $p|u_l$ ist auch $p|u_k v_l$ bzw. $p|(-v_k u_l)$ und somit $p|(u_k v_l - v_k u_l)$, also $p|(-(-2)^{l+1}u_{k-l})$. Da $p > 3$ muss gelten $p|u_{k-l}$, weil $p \nmid (-2)^{l+1}$.

4. Wir wissen, dass $u_1 = 1$ und $v_1 = 2$. Daher ist mit $m = p$, $n = 1$ aus (1) und (2) des Hilfssatzes $2u_{p+1} = u_p v_1 + v_p u_1 = 2u_p + v_p$ und $-(-2)^{1+1}u_{p-1} = -4u_{p-1} = u_p v_1 - v_p u_1 = 2u_p - v_p$.

   Multipliziert man beide Gleichungen miteinander, erhalten wir aus $(2u_{p+1})(-4u_{p-1}) = (2u_p + v_p)(2u_p - v_p)$ mithilfe der 3. binomischen Formel

   $$
   -8u_{p+1}u_{p-1} = 4u_p^2 - v_p^2.
   $$

   Nach Hilfssatz (a) bedeutet dies
   $$
   \begin{aligned}
   4u_p^2 - v_p^2 &\equiv 4 \cdot \left(\tfrac{3}{p}\right)^2 - 2^2 \bmod p \\
   &\equiv 4 \cdot (\pm 1)^2 - 4 \bmod p \quad \text{wegen } p \nmid 3 \\
   &\equiv 4 \cdot 1 - 4 \bmod p \\
   &\equiv 0 \bmod p.
   \end{aligned}
   $$

   Also $p|(4u_p^2 - v_p^2)$ und deswegen $p|(-8u_{p+1}u_{p-1})$. Da nun $p \geq 3$, muss gelten $p|u_{p+1}$ oder $p|u_{p-1}$.

   Die Menge $M$ kann also nicht leer sein, da auf jeden Fall ein $p$ existiert, welches $u_{p+1}$ oder $u_{p-1}$ teilt.

---

[85]Strick (2009), S. 37

31

5. Wir wissen $s_{i+1} = s_i^2 - 2$ und $\sigma_i = 2^{(2^{i-1})} s_i$. Daher gilt

$$
\begin{aligned}
\sigma_{i+1} &= 2^{(2^i)} s_{i+1} \\
&= 2^{(2^i)} (s_i^2 - 2) \\
&= (2^{(2^{i-1})})^2 s_i^2 - 2 \cdot 2^{(2^i)} \\
&= (2^{(2^{i-1})} s_i)^2 - 2^{(2^i+1)} \\
&= \sigma_i^2 - 2^{(2^i+1)}
\end{aligned}
$$

6. Mit $p = i + 1$ gilt nach 5.

$$
\begin{aligned}
\sigma_p &= \sigma_{p-1}^2 - 2^{(2^{p-1}+1)} \\
&= \sigma_{p-1}^2 - 4 \cdot 2^{(2^{p-1}-1)}
\end{aligned}
$$

7. Wir wissen, dass $\sigma_i = \sigma_{i-1}^2 - 4 \cdot 2^{(2^{p-1}-1)} = \sigma_{i-1}^2 - 2 \cdot 2^{(2^{p-1})}$ und nach Hilfssatz (5) $v_{2i} = v_i^2 + (-2)^{i+1}$. Demnach ist

$$
\begin{aligned}
v_{2^i} &= v_{\frac{2^i}{2}}^2 + (-2)^{\frac{2^i}{2}+1} \\
&= v_{2^{i-1}}^2 + (-2)^{2^{i-1}+1} \\
&= v_{2^{i-1}}^2 - 4 \cdot (2)^{(2^{i-1}-1)}
\end{aligned}
$$

Also haben die Folgen $\{\sigma_i\}$ und $\{v_{2^i}\}$ dieselbe Rekursion.

8. Wir wissen, dass $\sigma_i = v_{2^i}$ und nach (3) aus dem Hilfssatz $2v_{m+n} = v_m v_n + 12 u_m u_n$.

Für $i := p$ erhalten wir somit $\sigma_p = v_{2^p}$ und daher auch $2\sigma_p = 2v_{2^p}$. Da $M_p = 2^p - 1$, ist $2^p = M_p + 1$. Also $2\sigma_p = 2v_{M_p+1}$.

Nach Anwendung von (3) erhalten wir somit für $m = M_p$ und $n = 1$:

$$
2v_{M_p+1} = v_{M_p} v_1 + 12 u_{M_p} u_1.
$$

Da $u_1 = \frac{(1+\sqrt{3})-(1-\sqrt{3})}{2\sqrt{3}} = 1$ und $v_1 = (1 + \sqrt{3}) + (1 - \sqrt{3}) = 2$, erhalten wir somit $v_{M_p} \underbrace{v_1}_{=2} + 12 u_{M_p} \underbrace{u_1}_{=1} = 2v_{M_p} + 12 u_{M_p}$, also

$$
2\sigma_p = 2v_{2^p} = 2v_{M_p+1} = v_{M_p} v_1 + 12 u_{M_p} u_1 = 2v_{M_p} + 12 u_{M_p}.
$$

9. Wir wissen, dass $p \geq 3$. Daher ist $p$ darstellbar als $p = 2k + 1, k \in \mathbb{N}_0$. Also gilt für

| mod 3 | Äquivalent hierzu für mod 4: |
|---|---|
| $M_p = 2^p - 1$ | $M_p$ |
| $\quad = 2^{2k+1} - 1$ | $\vdots$ |
| $\quad = 2^{2k} \cdot 2 - 1$ | |
| $\quad = 4^k \cdot 2 - 1$ | $= 4^k \cdot 2 - 1$ |
| $\quad \equiv 1^k \cdot 2 - 1 \bmod 3$ | $\equiv 0^k \cdot 2 - 1 \bmod 4$ |
| $\quad \equiv 1 \bmod 3$ | $\equiv 3 \bmod 4$ |

10. Nach Hilfssatz (4) wissen wir, dass $u_{2n} = u_n v_n = u_{\frac{2n}{2}} v_{\frac{2n}{2}}$. Außerdem haben wir oben bewiesen, dass $\sigma_i = v_{2^i}$. Daraus folgt mit $i := n - 1$

$$\begin{aligned} u_{2^n} &= u_{\frac{2^n}{2}} v_{\frac{2^n}{2}} \\ &= u_{2^{n-1}} v_{2^{n-1}} \\ &= u_{2^{n-1}} \sigma_{n-1} \end{aligned}$$

11. Mit $x \in \mathbb{Z}$ und $2 \nmid u$ gilt $(x+1) \mid (x^u + 1)$, weil

$$\begin{aligned} (x^u + 1) &= (x+1)\left((-x)^{u-1} + (-x)^{u-2} + \ldots + (-x) + 1\right) \\ &= x^u - \cancel{x^{u-1}} + \ldots - \cancel{x^2} + \cancel{x} + \cancel{x^{u-1}} - \cancel{x^{u-2}} + \ldots - \cancel{x} + 1 \\ &= x^u + 1 \end{aligned}$$

12. Zu Beweisen ist $F_n - 2 = F_0 \cdot F_1 \cdot F_2 \cdot \ldots \cdot F_{n-1}$.

Induktionsanfang: $n = 1$

linke Seite:           rechte Seite:

$F_1 - 2 = 2^{2^1} - 1 = 3$      $F_0 = 2^{2^0} + 1 = 3$     ✓

Induktionsvoraussetzung: $n = n_0$

$$F_{n_0} - 2 = F_0 \cdot F_1 \cdot F_2 \cdot \ldots \cdot F_{n_0 - 1}$$

Induktionsbehauptung: $n = n_0 + 1$

$$F_{n_0 + 1} - 2 = F_0 \cdot F_1 \cdot F_2 \cdot \ldots \cdot F_{n_0 - 1} \cdot F_{n_0}$$

Induktionsschluss:

$$\begin{aligned} F_{n_0 + 1} - 2 &- 2^{(2^{n_0 + 1})} - 1 \\ &= (2^{2^{n_0}})^2 - 1 \\ &= (2^{2^{n_0}} - 1)(2^{2^{n_0}} + 1) \\ &= (F_{n_0} - 2) \cdot F_{n_0} \\ &= F_0 \cdot F_1 \cdot \ldots \cdot F_{n_0 - 1} \cdot F_{n_0} \end{aligned}$$